忠诚的犬伙伴

小学童探索百科编委会·著

探索百科插画组·绘

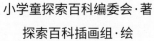北京日报出版社

目 录

智慧汉字馆　"犬"字和"狗"字的来历 / 汉字小课堂 /4

汉字演变 /5

百科问答馆　狗的身体有什么特点？ /6

狗是由狼驯化而来的吗？狗被放归野外会再野化成狼吗？ /8

为什么说狗是人类最忠诚的伙伴？它们能帮人类完成哪些工作呢？ /10

为什么狗的鼻子那么灵敏？它们又为什么总是舔鼻子呢？ /12

狗是色盲吗？它们的视力怎么样？ /14

为什么狗总爱吐舌头？ /16

为什么狗喜欢抬起一条腿撒尿？它们见面后为什么会互相闻屁屁？ /18

为什么狗爱啃骨头，还爱啃家具和鞋子？ /20

为什么狗对主人非常忠心？它们是怎样听懂主人指令的呢？ /22

狗妈妈一胎能生几个宝宝？狗的寿命有多长啊？ /24

为什么狗喜欢追逐移动的物体呢？它们喜欢游泳吗？ /26

狗的种类有哪些呢？ /28

探索新奇馆　导盲犬的成长手册 /30

威风的警犬和军犬 /32

极地爱斯基摩犬 /34

雪山上的救援犬 /35

文化博物馆　中国古代犬文化 /36

生肖狗的来历 /38

名诗中的犬 /39

名画中的犬 /40

成语故事中的犬和狗 /42

遨游汉语馆　犬和狗的汉语乐园 /46

犬的汉字王国 /50

游戏实验馆　神奇的嗅觉 /52

犬知识大挑战 /54

词汇表 /55

小小的学童，大大的世界，让我们一起来探索吧！

我们是探索小分队，将陪伴小朋友们
一起踏上探索之旅。

我是爱提问的
汪宝

我是爱动脑筋的
咪宝

我是无所不知的
龙博士

quǎn 犬 象形字

gǒu 狗 形声字

"犬"字和"狗"字的来历

犬，也就是狗，是最早被人类驯化的一种动物。它们忠诚可靠，是我们生活中最熟悉、最亲近的动物伙伴。

在汉字中，"犬"和"狗"指的是同一种动物，那么这两个字有什么区别呢？"犬"是一个象形字，其甲骨文字形就像是一只侧立着的狗，可以清楚地看出张开的大嘴、健壮的四肢和卷起的尾巴。"狗"是一个形声字，左侧为"犬"形，表明是犬类；右侧为"句"音，"句"通"勾"，是"勾"的本字，本义是弯曲的意思，因此"句"也有体形小而蜷曲的意思。在金文字形中，"犬"形在右侧，整个字形就像大狗的怀中有两只蜷曲的幼崽 (zǎi)，所以"狗"字最初是指没有长大的幼犬，后来便泛指各种犬只了。

我们的动物伙伴——狗，虽然长得各有差异，但大多聪明伶俐，十分忠诚。它们既能陪伴在主人的左右，不离不弃；也能帮助人们完成各种工作，非常能干。现在，我们就一起好好了解一下它们吧。

汉字小课堂

古时，大狗叫"犬"，小狗叫"狗"，现在两个字的含义相同，但用法有些不同："犬"多用于书面语中，常组成合成词，如"警犬""猎犬"，还用来表示谦称，如"犬子"；而"狗"常用于口语中，可以单用，还有卑贱而粗鄙的意思，所以就有"狗官""狗腿子""狗屁不通"等贬义词语。

甲骨文	金文	小篆	隶书	楷书

金文	小篆	隶书	楷书

汪汪汪……
我吃苦耐劳，忠诚可靠
一直陪伴在你身边
我就是你永远的
好伙伴——
狗狗

百科
问答馆

狗的身体有什么特点?

世界上有各种各样的狗，它们聪明能干，是我们生活中的好朋友。那么，狗的身体结构有什么特点呢? 一起来看看吧。

耳朵 听觉相当灵敏，能听到的最远距离大约是人的 400 倍，能分辨 32 个不同方向的声音。

眼睛 视力不如人，但能在微弱的光线中看清物体，对远处移动的物体十分敏感。

鼻和舌 鼻腔内有近 3 亿个嗅觉细胞，所以嗅觉极发达。舌头能伸得很长，是很好的散热器。

四肢 前肢强壮，承担了身体一大半的重量; 后肢肌肉发达，是让狗飞奔前进的"发动机"。

（德国牧羊犬）

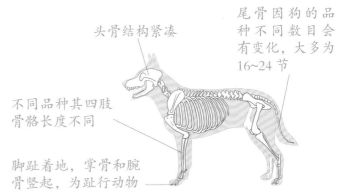

头骨结构紧凑

尾骨因狗的品种不同数目会有变化，大多为16~24节

不同品种其四肢骨骼长度不同

脚趾着地，掌骨和腕骨竖起，为趾行动物

狗的骨骼示意图

皮毛 全身披毛，有长有短，颜色多样，斑纹各异。

德国牧羊犬

尾巴 分为尾根、尾体和尾尖，能表达感情、平衡身体、保护肛门。每个品种的尾巴形状和姿态都不一样。

脚趾 前掌有 5 根脚趾，后掌大都有 4 根脚趾，一些狗还会多出一个未完全退化的短小的脚趾——狼趾，脚趾顶端的爪子不能像猫爪子那样收缩。

狗是由狼驯化而来的吗？狗被放归野外会再野化成狼吗？

狗的祖先是灰狼的一个亚种。人们认为早在 15000 年前（也许更早的时候），这些狼在到处游荡、寻找食物时，发现人类聚居地的附近常有丢弃的饭菜、吃剩的骨头等，这些东西对它们来说是难得的美食，于是它们开始冒险活动在聚居地附近，甚至为了食物开始主动亲近人类。人类也发现，这些动物的听觉和嗅觉十分敏锐，可以充当哨兵，能够及时发现来袭的野兽。于是，双方就这样开始合作了。经过人类一代代的驯化和繁殖，狼最终被驯化为忠诚的家犬。现在，已经有数百个品种的狗在世界各地陪伴着人们一起生活。

如果把现在的家犬放归野外，它们并不能野化为狼，只能成为流浪犬。小型犬的话连生存都成问题，而一些大型犬也许能恢复一点野性，甚至能猎杀小动物，但也不会真正野化成狼。

狗是人类最早驯化的家畜，很多研究都表明，最早的狗出现在中国长江以南地区，后来随着人类的迁徙而扩散开来，并出现了不同的地方品种。

研究表明，狗的祖先是灰狼的一个亚种，它们的体形较小，也容易被驯化。

古代人类迁徙澳洲时，随行的一些狗回归野外生活，经过几千年演化，它们成了凶猛的野生食肉动物，这就是澳洲野犬。

吃饱了……

一些狼在人类有意地驯导下，狼性渐渐退化，最终成为人类最忠诚的朋友。

和人一起生活也不错啊！

为什么说狗是人类最忠诚的伙伴？它们能帮人类完成哪些工作呢？

世界上还没有其他动物能像狗一样，和人类如此亲密，并且能为人类做这么多的工作：它们能尽职尽责地放牧牲畜；能拉着雪橇 (qiāo) 奔跑在地球上偏僻的极寒之地；能凭着灵敏的嗅觉，搜救在各种灾害中幸存的人类；能带迷路者找到回家的路，还能成为导盲犬，做盲人的"眼睛"；还能被训练成警犬和军犬，在边疆站岗巡逻，在海关搜查毒品，帮助警察追捕不法分子……现在，狗还是很多家庭中不可缺少的一员，看家护院，尽职尽责，而且它们对主人非常忠诚，会始终不离不弃地陪伴在主人身边。你们说，狗是不是人类最忠诚的小伙伴啊？

狗能做的工作

狗的忠诚和敏锐的听觉，使它能很好地帮助主人看家护院。

警犬依靠敏锐的嗅觉，搜查毒品、追捕犯人。

各种灾难发生后，搜救犬依靠嗅觉帮助寻找幸存者。

10

宠物犬成为很多人生活中不可缺少的小伙伴。

训练有素的导盲犬能成为盲人的"眼睛"，帮助他们大胆出行。

雪橇犬的速度和耐力使得它们成为极地居民出行时的得力助手。

边境牧羊犬非常聪明，其智力与人类七八岁孩子的相当，能准确领会主人的各种指示，帮助主人看护畜群，是主人放牧的好助手。

为什么狗的鼻子那么灵敏？它们又为什么总是舔鼻子呢？

据研究，狗的嗅觉是人的 10~100 倍，这是因为狗的鼻腔内嗅觉组织所占的表面积是人类的 10~40 倍，上面分布着 1 亿 ~3 亿个嗅觉细胞，而人类的嗅觉细胞只有 500 万个左右。这些细胞能帮助狗捕捉和分辨气味，使得狗的鼻子非常灵敏，能辨别出大约 200 万种不同的气味，还能够从混杂在一起的气味中，找出它要寻找的那种气味，这也是狗具有超强追踪能力，或者能从很远的地方找路回家的原因。

气味其实是一些我们肉眼看不到且很微小的粒子，只有当狗的鼻黏膜保持湿润时，这些微小粒子才能十分容易地吸附在上面，所以狗不停地用舌头舔鼻子，就是使自己的鼻子保持湿润，从而保持敏锐的嗅觉。

探索 早知道

指示犬是一种深受猎人喜爱的英国猎犬。它们有一个很奇特的行为，一旦发现猎物（如鸟、野兔等），就会立即站定，并抬起一只前腿，使身体摆出一个特定的姿势，来指示猎物所在的地方，等待其他狩猎犬和猎人上前围捕。

狗常常用舌头来舔鼻头，主要是为了保持嗅觉的敏锐。

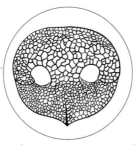

狗鼻子上的纹路就像我们人的指纹一样，都是独一无二的

虽然狗的嗅觉十分灵敏，但要让它们学会寻找特定的东西，还需要经过主人耐心地训导哦。

……到这只鞋啦……

狗是色盲吗？它们的视力怎么样？

狗无法像人一样分辨各种色彩，但它们并不是完全的色盲，还是能够分辨深浅不同的蓝色、黄色、紫色，只是无法分辨红色和绿色。红色在狗的眼里是一片暗色，而绿色则是一片浅白色，所以我们看着绿茵茵的草坪，在狗的眼里是一片近似灰白色的地面。

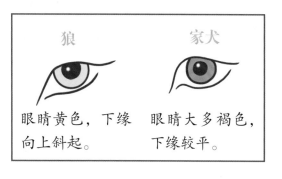

狼	家犬
眼睛黄色，下缘向上斜起。	眼睛大多褐色，下缘较平。

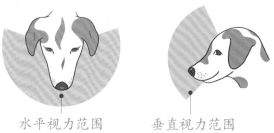

水平视力范围　　　　垂直视力范围

狗的视野比人眼开阔，单眼水平视力范围可以达到100~125°，垂直视力范围达到80~120°。

我是查理王小猎犬

狗的视力并不是很好，在所有动物中只能算是中等。它们有点近视，双眼还无法聚焦在眼前 30~50 厘米处的物体上，眼球的调节能力很差，但动态视力十分敏锐，可以在空中接到飞盘或者追回主人扔出去的小球。在比较暗的光线下，狗的视力会比人的视力要好，因为它们眼睛能收集微弱的光线，使得眼中的世界更为明亮一些。

我能看到……

飞翔的鸟

静止的树

约 50 米处

约 900 米处

狗的眼睛只能看清大约 50 米以内静止不动的物体，但是它们对移动的物体十分敏感，能捕捉到约 900 米处移动的目标。

我是西施犬

大多数狗的眼睛是褐色的，也有其他颜色，如棕色、黑色、灰蓝色等。你见过的小狗它的眼睛是什么颜色的呢？

为什么狗总爱吐舌头？

狗很怕热，因为它们不能像人一样，通过身体出汗来调节体温。狗的汗腺主要分布在脚掌的肉垫上。当天气炎热时，虽然狗的脚掌肉垫上的汗腺也会出汗，走路时会留下一个个湿脚印，但对于降低体温的效果其实并不大。所以，狗只要觉得有一点儿热，就会张开嘴，伸出舌头，大口大口地喘气，甚至还不停地流口水，这是它们在通过舌头和呼吸过程中水分蒸发来进行散热，也就是靠唾液的蒸发带走身体的热量，降低体温。

不过，当天气特别炎热时，仅靠吐舌头这种方法也不能使狗很好地散热。这时候，一些生活在户外的狗会自己在地上刨个坑，然后趴在里面乘凉。而养在家里的狗，尤其是一些小狗，则需要主人多加照顾，给它们准备充足的饮用水，也可以将它们的毛发剃短来更好地散热。

狗的嘴比较大，又没有办法像人一样撮起嘴唇用吸的方式来喝水，所以需要喝水时，狗的舌头顶端会向后弯成勺状，"舀"起水，用舌头将水运向上颚，同时带起一道水柱，这时它们再一下合上嘴就可以喝到水了。

大多数狗的舌头颜色为肉红色，但有些狗却与众不同，如松狮犬的舌头就是蓝黑色的

狗还会通过舌头表达自己的感情。它们在感到幸福、开心时会频繁地舔舐（shì）同类或主人的脸庞。如果你发现家中的小狗最近总是狂舔你，那么肯定是它非常开心了。

见到你我好开心啊！

你不要舔我啦！

狗舌头上的味蕾数量大约只有人类的六分之一，所以它们的味觉并不是很敏感。另外，狗的舌肌伸缩性很强，长长的舌头收回口腔也能平放哦。

狗鼻子上分布有少许汗腺，
它们通过舔湿鼻子，也能起
到一定的散热效果

天真**热**啊……

为什么狗喜欢抬起一条腿撒尿？它们见面后为什么会互相闻屁屁？

狗在小的时候不分公母都是蹲着尿尿的。一般到了八九个月大的时候，小公狗开始抬起一条腿撒尿，而小母狗则通常不会这样做。另外，随着长大，狗的领地意识也逐渐增强了，它们撒尿前会先闻一下地面，如果发现有不属于自己的气味存在，就会立即抬腿撒尿来掩盖对方的气味，以此来表明这块领地是自己的。狗在外出时，也会时不时在一些地方撒点尿，沿路留下自己的气味，这样不管它们走多远，都能闻着自己的气味回到家中。

狗和同类见面时喜欢互闻屁屁，这是它们打招呼和了解对方的方式。狗的肛门处有一种特殊的腺体，通过嗅闻腺体散发的气味，就可以了解对方的一些情况，如是否健康、情绪怎么样、是否处于发情期等，是不是很神奇？

狗的行为在表达什么呢？

尾巴夹在后腿间，身子收缩，耳朵向后，表示狗很害怕。

肚皮朝天，露出喉咙，表示狗绝对服从。

尾巴快速摇动，身体降低并扭动，表示狗非常兴奋和开心。

尾巴竖起并微微抖动，表示狗很自信，在宣示自己的主权。

互闻屁屁其实是狗在了解伙伴的一些信息，看能不能合得来哦。

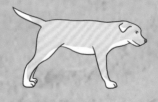

尾巴伸得很直，表示狗感到了威胁，已进入戒备状态。

狗的面部表情

狗在放松状态下咧嘴露出"笑容",表示它们真的开心。

狗露出牙齿,表情狰狞,说明它们很生气,很可能会咬人哦。

狗会用打哈欠的方式来舒缓压力或表示困惑。

经过训练的狗可以在固定的地方"上厕所",它们可不喜欢弄脏自己的"住处"。除了"上厕所"以外,它们大都是在用尿液标记自己的领地。

为什么狗爱啃骨头，还爱啃家具和鞋子？

狗也像它们的祖先狼一样，很喜欢吃肉、啃骨头，这是一种天性，所以狗会被骨头吸引。另外，狗在啃咬骨头的同时也在清洁牙齿，磨去附着在牙齿上的牙结石，可以预防牙齿疾病，还能减轻口臭；啃咬骨头还可以锻炼狗嘴部的肌肉，增强咬合力；还可以从骨头中吸收钙质，强壮身体。

狗喜欢乱咬东西，有时是因为性格顽皮，但更多是因为狗长到三四个月大的时候，要开始长恒牙了。这时，它们会感觉牙床发痒，就不自觉地想要通过啃咬东西来止痒，也能借此刺激新牙快一点儿成长。狗当然也不是什么都咬，它们常会找一些不软但也不会太硬的东西来磨牙，比如主人的鞋子、沙发和其他木质家具。

犬齿

门齿

臼齿

幼犬一共有 28 颗乳牙，成年犬一共有 42 颗恒牙。

咯吱 咯吱……

狗爱咬鞋子和椅子，主要是因为在长恒牙，另外也有顽皮捣蛋的成分，主人要好好教导哦。

真香啊……

小狗常啃骨头，可以有助于清洁牙齿，锻炼嘴巴的咬合力，还能吸收骨头中的钙质。好处真多啊！

为什么狗对主人非常忠心？它们是怎样听懂主人指令的呢？

狗的祖先狼通常会结群生活，大家既团结友爱，又遵守着严格的地位划分：作为首领的头狼在狼群中地位最高，其他狼都要听它的命令。对于生活在人类家庭中的狗来说，家庭就相当于"狗群"，身材相对高大威猛的男主人是"首领"，而女主人和个头矮小的孩子是自己的"伙伴"。因此，狗通常对男主人很服从和畏惧，一般不害怕女主人，对家里的小孩子表现友善，还会主动照顾他们。

狗并不能真正听懂主人说的话，之所以能完成主人的命令，是它们在一遍遍的训练中，将主人发出某个指令时声音的高低长短和自己需要做的动作之间建立起了联系，继而在大脑中形成了条件反射。

主人，画完了吗？

很多狗认为自己有保护主人的责任，所以总喜欢陪伴在主人的身边，看上去就像忠诚的卫士一样。

握手吧……

我们训导狗时，不要对它们大声叫喊。狗的听觉十分敏锐，过高的声音会吓着它们或让它们感到不舒服。

探索 🌱 早知道

狗可以通过主人的动作、呼吸、心跳等细微的变化来感知主人的情绪是好是坏。另外，狗口腔顶壁上方有一个名为"犁鼻器"的结构，能够探测空气中的化学信息素，当主人怀孕或者生病时，它们也能感知到哦。

别伤心了

狗妈妈一胎能生几个宝宝？狗的寿命有多长啊？

　　在每年春季和秋季，成年犬会寻找自己的"另一半"一起生育后代。狗妈妈孕期大约 60 天，通常会生下 4~8 只狗宝宝，有的甚至一胎可以生下 10 多只狗宝宝。

　　狗的寿命和我们人类相比是短暂的。大部分狗只有 12~15 年的寿命，个别的可以到 20 年左右。3 个月大的狗相当于人类 5 岁的小朋友，1 岁大的狗相当于 18 岁的青少年，而 10 岁的狗相当于 60 岁的中老年人，15 岁的狗相当于 80 岁左右的老年人，20 岁的狗则相当于 100 多岁的长寿老人。不过，很少有狗能活这么长的时间。

唉，这是什么啊？

3个月大的中华田园犬宝宝们正在草地上嬉戏玩耍，它们正处于对世界非常好奇的阶段。

好好玩！

来玩球啊！

刚出生时小狗看不见也听不见，大约2周后它们才有了视觉和听觉，也能到处爬了。

7~15岁的狗进入中老年时期，它们的身体开始慢慢老化，器官功能下降，容易得各种病。

1岁后的狗完全长大了，体形不再有大的变化，性格稳定，可以繁殖后代了。

为什么狗喜欢追逐移动的物体呢？它们喜欢游泳吗？

狗喜欢追逐移动的物体，如主人扔出的球或棍子，这源自其祖先狼的习性：狩猎。在狗的眼中，主人扔出的球或棍子就像活动的猎物，激发了它们捕猎的天性和热情。当它们叼住后，还常常会不断地甩头，这是它们想象自己咬中了猎物的颈部，摆动头部能更快地杀死猎物。狗叼到球或棍子会交还给主人，这是在向"首领"上交"猎物"，以示自己的尊敬和服从。狗"狩猎"后会很开心，认为自己是个很棒的猎手。

在狗继承其祖先狼的技能里，也有游泳这一项。不过，

主人扔出的球在落地后不断地弹跳滚动，很像猎物跳跃、逃避的样子，这会更加激发狗"狩猎"的天性。

冲啊！！

26

现在很多人工培育的宠物狗品种，并不会游泳或者并不像其祖先那样擅长游泳。尤其是一些长着小短腿的狗，只有经过专门的训练，它们才能下水。所以，不要随随便便就把狗丢到水里，这也许会吓坏它们的。

狗在感到热或生小狗时，会挖洞筑巢。

狗喜欢在较幽暗的环境里休息、睡觉。

金毛寻回犬、牧羊犬等中大型犬大多是游泳好手。

狗会在地上挖洞把吃剩的食物埋起来。

不同品种的狗奔跑速度不一样，跑得最快的狗是猎犬，其中灵缇（tí）犬在陆地上的奔跑速度仅次于猎豹。

狗喜欢在各个角落撒尿，划分自己的地盘。

狗喜欢环境中有自己的气味，洗澡的时候，这种气味会被冲淡，而且洗澡时用的沐浴露对狗来说很刺鼻。另外，从头顶高处淋下的水，会让狗失去安全感。

狗离开家很远时也能循着气味回来。

我讨厌洗澡！

我也是！

狗喜欢将东西搬回自己的窝。

27

狗的种类有哪些呢？

　　狗是最早被人类驯化的动物，经过一代代繁育，现在已有数百个品种。按照狗的体形大致可分为超大型犬、大型犬、中型犬和小型犬，我们来认识一下其中的代表吧。

犬类大家庭

超大型犬

代表犬种

藏獒（áo）

圣伯纳犬

成年时，体重超过41千克、肩高超过71厘米的犬种。

大型犬

代表犬种

金毛寻回犬

德国牧羊犬

成年时，体重为30~40千克、肩高为61~70厘米的犬种。

中型犬

代表犬种

英国斗牛犬

松狮犬

萨摩耶犬

成年时，体重为 11~30 千克、肩高为 41~60 厘米的犬种。这类犬的品种数量最多，对人类的作用也最大。

小型犬

代表犬种

西施犬

迷你雪纳瑞犬

迷你贵宾犬

蝴蝶犬

成年时，体重为 5~10 千克、肩高为 25~40 厘米的犬种。

超小型犬

代表犬种

小鹿犬　　吉娃娃犬　　约克夏犬　　博美犬

成年时，体重不超过 4 千克、肩高不足 25 厘米的犬种。

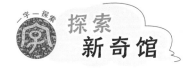

导盲犬 的成长手册

小朋友们好，我叫萌宝，是一只拉布拉多犬。我现在在工作，正带着我的盲主人行走在大街上。我是一只专业的导盲犬，我的工作对盲主人来说很重要，我要识别他每天常走的路线，带着他平安地到达他想去的地方。

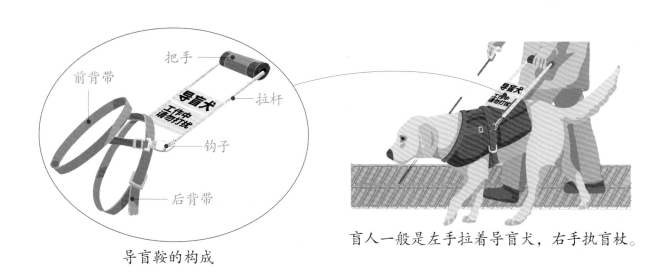

导盲鞍的构成

盲人一般是左手拉着导盲犬，右手执盲杖。

要想成为一只专业的导盲犬可不是容易的事。从我是小奶狗时开始，就要经过层层选拔。大约 2 个月大时，我要先被寄养在志愿者的家里，学会如何与人相处。到了 1 岁左右，我就要回到导盲犬训练中心接受专业训练了。

导盲犬的主要训练内容

上下楼梯

过马路和等候
红绿灯

绕行障碍物

通过一遍遍重复练习，我掌握了各种技能，终于毕业啦，可以上岗服务主人了。

适应各种环境

在公共场所或餐厅中
安静卧下等待

乘坐各种交通工具

探索 早知道

一般导盲犬都是由中大型犬担任，如金毛寻回犬、德国牧羊犬、拉布拉多犬、贵宾犬（不是迷你型的）等。我们平时在遇到工作的导盲犬时，要做到"四不"：不抚摸、不投食、不大声呼唤、不拒绝。

导盲犬每天要工作10个小时左右，十分辛苦，所以一般8~12岁就会退休，然后被合适的家庭收养，成为快乐的宠物犬。

威风的 警犬 和 军犬

我们看着都很威风，是不是？人们有时把我们混为一谈，虽然我们有相似之处，但也有不同的地方。听我们说说吧。

我是警犬

我是军犬

我是警犬，也叫警用犬。我的工作就是保护大家的生活安全，协助警察打击各种犯罪活动，发生灾难了我还会参加搜救。总之，我是大家的安全卫士，时刻为了保护民众而工作。我机智勇敢，性格沉稳，你们平时见了我，不用害怕啊。

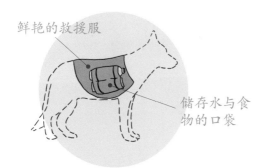

鲜艳的救援服

储存水与食物的口袋

搜救犬的装备

VR 执法记录仪

警犬背心

治安巡逻犬的装备

警犬常用于缉查走私物品和毒品、搜查危险品或爆炸物。

警犬帮助搜捕罪犯。

警犬在机场、火车站等地进行巡逻。

我是军犬，在军队服役，是一名"军人"。我的任务主要是保护战友和军队的安全，守护边防、警戒巡逻、追踪抓捕敌人、战地侦查、排除地雷，有时也要携弹参加战斗。我们也会参与救助受灾幸存者、解救人质等活动。我们的任务往往很危险，很多同伴在战场上献出了自己的生命，但我不怕。

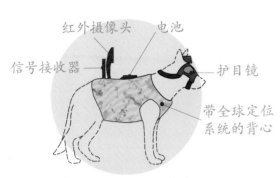

特种部队军犬的装备

军犬也是空降兵的一员。

军犬正在和战友们一起搜寻敌人。

军犬正在执行战场爆破任务。

警犬和军犬的主力都是胆大、聪明又灵活的中大型犬。但由于警察的分工不同，往往更加注重犬种的不同特性，所以警犬的品种会更多一些，不像军犬那样几乎清一色都是牧羊犬、马里努阿犬或昆明犬。

在军犬的帮助下，很多犯罪分子都无处可逃。

极地 爱斯基摩犬

我叫爱斯基摩犬，是世界著名的雪橇犬之一。我的主人是因纽特人（旧称爱斯基摩人），生活在冰天雪地的北极地区，靠打鱼、猎海豹、捕捉驯鹿等动物为生。我拉的雪橇就是他们在极地出行和运输物品的工具。除了拉雪橇，我还能帮助主人狩猎，看家护院，就是面对庞大的北极熊，我也不会后退。我就是这么厉害！

爱斯基摩犬骨骼粗大，身体强壮，性子高冷，一般不会对主人以外的人表示亲近，非常忠诚。

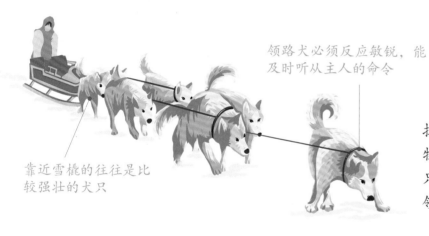

靠近雪橇的往往是比较强壮的犬只

领路犬必须反应敏锐，能及时听从主人的命令

拉雪橇的犬只数量和所拉货物的重量相关，一般为2~20只，两两排列或前面由一只领路犬开路。

因纽特人通常住在用雪砖盖的雪屋里。现在，随着雪地机动车的普及，因纽特人的生活方式发生了很大的改变，爱斯基摩犬也越来越少了。

雪山上的 救援犬

我叫圣伯纳犬，是世界上最大、最重的犬种之一，体重能达到 90 千克，是犬中"巨无霸"。不过，别害怕，我的脾气特别温柔，很喜欢小朋友。我还是阿尔卑斯雪山上大名鼎鼎的救援犬，专门救助被困雪地的人们。你们听说过我的故事吗？

小酒桶

圣伯纳犬的脖子下挂着一个装着白兰地的小酒桶，这是给被雪困住的人喝了暖身体的。在救援缓慢时，圣伯纳犬还能给受困的人带去食物，让他们保持体力和勇气。

醒醒，我来了！

圣伯纳犬的名字来自阿尔卑斯山上的圣伯纳修道院。大约在 1660 年，那里的教士们就已经开始训练这种犬寻找和救助被困雪山的人，在近 300 年的时间里，先后解救过 2000 多人。

"巴里"是圣伯纳犬中的传奇英雄，它在 12 年中挽救了 40 个人的生命！有一次，它独自巡逻时，在一个冰洞里发现了一位昏迷的男孩。它用舌头舔醒他，还用自己的身体给他取暖，然后把他驮回了修道院，使他捡回了性命。

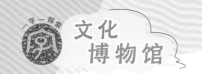

中国古代 犬文化

我们的祖先在远古时期就开始养家犬了，犬和牛、羊、马、猪、鸡一起，被称为"六畜"（六种家畜）。作为家畜，犬并不是用来观赏的宠物，起初它们帮助人们捕捉猎物、看家护院，后来又守护农田、放牧巡山，成了人类的好助手和好伙伴。

因为犬忠诚、勇敢、聪明，人们认为它们是很有灵性的动物。商周时期，犬作为宗庙祭祀的祭品之一，被称为"献"，用来祈福消灾。当时国君出行，也要事先用犬来祭车和道路，以此保佑旅途平安。周代专门设有"犬人"这种官职，负责养犬以及为祭祀供犬牲这类事情。

汉代设有"狗监"一职，专门负责掌管皇帝打猎用的猎犬。而唐代设有"狗坊"，专为皇宫里的贵人养护猎犬。很多贵族下葬时，会让自己的爱犬陪葬，或放上犬形的陶塑、木雕，有的还在墓壁上绘制有关犬的壁画，就是希望到了阴间仍能由狗来护卫自己的安宁。

从唐宋时起，人们开始豢(huàn)养一些小型犬来当宠物，民间养狗也越来越普及，狗的品种也越来越丰富。到了现代，狗已经成为我们生活中的一员。

生肖狗 的来历

传说，玉帝想挑选十二种对人类最有用的动物当生肖，动物们都想被选上。当时，猫和狗都与人类关系密切，都认为自己贡献大，谁也不服谁，于是跑到玉帝面前评理。玉帝问他们分别做什么工作，一顿吃多少。狗老老实实地回答自己每天守园子，一顿吃一盆饭；猫说自己又念经又抓老鼠，每顿只吃一点儿。玉帝认为猫吃得少干得多，做的贡献比狗大。狗生气地骂猫是骗子，追着咬它。猫自知理亏，跑回家就躲了起来。

到了选十二生肖的时候，负责挑选的天官改了规则，说谁先跑到天宫谁就可以当生肖。动物们争先恐后地跑去，狗是第十一个到达的。躲起来的猫得到消息后，也跑到了天宫，以为自己可以位列最后。可小老鼠躲在牛背上，临近天宫时跳了下来，排在了第一。这下猫没能当生肖，从此恨透了老鼠，见了就会追着咬；而狗也始终不原谅猫，一见面就会和猫打架。

名诗 中的犬

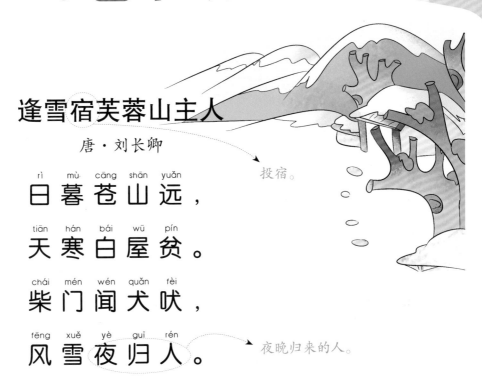

逢雪宿芙蓉山主人

唐·刘长卿

日暮苍山远，

天寒白屋贫。

柴门闻犬吠，

风雪夜归人。

投宿。

夜晚归来的人。

译文 黄昏时分，青灰色的山峰显得更加深远；天寒地冻，简陋的小屋更显得清贫。柴门外忽然传来了一阵阵狗的叫声，在这个风雪交加的夜晚迎来了归家的人。

诗意 这是一首写景诗，写诗人傍晚投宿山中人家的所见所闻。诗歌写雪夜投宿，不写"宿"的情况，而是以写景着重表现雪夜途中的心情以及投宿后所见情景，如一组镜头，由远及近，构思十分巧妙，很值得读者细细品味。

名画中的犬

《簪花仕女图》

（传）唐·周昉

长卷　绢本　纵 46 厘米　横 180 厘米
现藏辽宁省博物馆

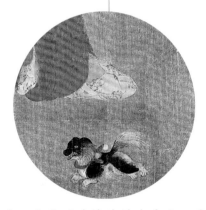

这只小狗正欢快地跑向主人，毛色黑白相间，动作稚气十足。

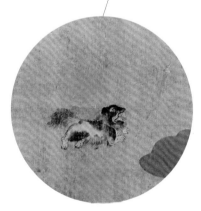

这只小狗被主人的纬穗引逗，正要扑上去玩耍，十分灵动可爱。

在唐代，小型的观赏犬开始成为贵族家中的宠物。唐代的人物画杰作《簪花仕女图》就描绘了贵妇在春夏之际于庭院中戏犬赏花的休闲情景。画面中出现的两只宠物犬，它们黑白相间，体毛又卷又长，为拂菻 (lǐn) 狗，是唐朝初期从西域传入的犬种，原产于拂菻（即东罗马帝国），在当时是非常名贵的犬种，只有上层贵族才养得起。画家以高超的手法，描绘了贵妇养尊处优的生活，也将两只宠物犬画得十分生动。

《十骏犬图》

清·郎世宁

　　郎世宁原本是意大利的传教士，于康熙末期来到中国，不久便被召入宫中，开始了长达51年的宫廷画师生涯。他将西洋绘画技法与中国传统绘画技法相结合，绘制了很多作品。这一套《十骏犬图》就是他的代表作之一，描绘了乾隆皇帝最喜欢的10只爱犬。它们是从各地进贡而来的，其中9只是打猎用的细犬，1只是藏獒。乾隆皇帝根据爱犬的形态特点，给它们取了很雅致的名字，分别是"霜花鹞(yào)""金翅狻(xiǎn)""苍水虬(qiú)""睒(shǎn)星狼""墨玉螭""茹(rú)黄豹""雪爪庐""蓦空鹊""斑锦彪(biāo)"和"苍猊(ní)"。现在，我们就来看看其中3只名犬的风采吧。

金翅狻——这只狗毛色金黄，跑起来像长了翅膀一样快。狻，是指嘴巴长长的狗。

睒星狼——这只狗的眼睛像闪亮的星星，在狩猎时又像狼一样凶猛。睒，闪亮的意思。

苍猊——这只狗毛色褐黑，唯胸前有白毛，形如狮子，是一只十分威风的藏獒。猊，神话传说中龙生九子之一，形像狮子。

立轴　绢本　（前九幅）纵约247厘米　横约164厘米　《苍猊图》纵约266厘米　横约194厘米
现藏中国台北故宫博物院

成语故事中的犬和狗

蜀犬吠日

唐朝散文家柳宗元被朝廷贬到湖南的永州任司马一职，这个地方地处岭南，非常荒凉。柳宗元最初到达永州时，暂时住在城郊的龙兴寺中。他自述公元807年的冬天气候寒冷，下了一场大雪，雪覆盖了岭南多个州县。这些州县里的狗从未见过如此大的雪，就一个劲儿地吠咬、奔跑，让柳宗元觉得十分可笑。

下雪了啊！

汪汪！这是什么东西？

听说蜀地雨水多，那里的狗很少见到太阳，一旦太阳露面，狗就吓得叫个不停……

故事小启示

蜀地的狗很少见到太阳，岭南的狗很少见过大雪，当见到时，它们就心生恐惧叫个不停。我们可不能像它们一样，不能因为见识少，就对自己不知道的事物大惊小怪，或者乱加评点，一定要认真了解以后，再做出判断。

柳宗元被贬官后很多人都不和他来往了。这时，一个名叫韦中立的士子却给他寄来拜师信，言辞恭敬，这让柳宗元十分感动，在回信中他虽婉拒为师，但指点了韦中立很多道理，并说：少见多怪是常有的事情，就像蜀犬吠日，我以前以为这种说法过于夸大其词，但来到永州，看到岭南的狗对着大雪吠叫才相信。看来世上确实有很多少见多怪的人。我们可不要这样，一定要开阔眼界啊……韦中立受到了柳宗元很多帮助，加之用功读书，最后高中进士。

丧家之犬

春秋时，孔子带领弟子周游列国，但各国诸侯都不接受他的政治主张，而且一路上还遇到许多不顺心的事。有一次，孔子一行人从卫国到陈国去，半路上经过匡地（今河南省长垣）。在此以前，鲁国的阳虎曾经掠夺杀害过匡人，因孔子的长相和阳虎有些相似，匡人看见孔子来此，以为阳虎又来了，于是他们将孔子围住，连续围困了5天，才放他离开。

孔子到了郑国，与弟子失散，独自在东城门徘徊。他的弟子到处找他，子贡向一个郑国人询问，郑国人说："东城门那儿有一个人，他的额头形似唐尧、脖颈形似皋陶、肩膀形似子产，但腰部以下比夏禹短三寸，那一副劳累疲惫的样子，活像办丧事的人家中没人照管的狗一样。"子贡在东城门找到了孔子，把郑国人的话如实告诉了孔子，孔子听了不由笑道："对我相貌的描述，这不是主要的，说我像丧家犬，这确实说得对，说得对啊！"

故事小启示

孔子认同"丧家之犬"的说法，是因为他的思想得不到统治者的认同，到处被驱逐，就像办丧事的人家中疏忽照管的狗一样。不过，这样的挫折并没有让孔子感到灰心，而他在困境中还能自嘲的乐观心态也值得我们学习。

狗猛酒酸

春秋战国时期，宋国有个卖酒的人，他酿的酒又香又醇，对客人的服务十分周到，每次给的分量也很足，店外的酒旗也挂得高高的，老远就能看到。可不知怎的，就是没有多少人来他这里买酒。时间一长，好好的酒都变酸了。

这么好的酒都酸了！怎么就是没人来买呢？

是啊，狗凶才能看店啊！

你是不是养了一条很凶的狗？

他感到十分迷惑，不知道问题出在哪里，于是就向住在同一巷子里的长者杨倩请教。杨倩问他："你养的狗一定很凶吧？"卖酒者说："是啊，我的狗是凶，但这和酒卖不出去有什么关系呢？"杨倩回答："因为人们怕你的狗啊。有的大人让孩子揣着钱、提着酒壶来你这里买酒，你的狗却扑上去咬人家，谁还敢来啊！这就是你的酒变酸了也卖不出去的原因啊。"

故事小启示

因为有恶狗，害得主人的好酒卖不出去了。如果一个国家或集体中也存在恶狗这般的人，他们就会残害好人，这样国家就不会强盛起来，集体也无法发展。只有赶走这些"恶狗"，国家或集体才能良性发展。

狗尾续貂

晋武帝司马炎建立晋朝政权后，就把宗室分封到各地为王。他原指望通过这种分封制，能有效地巩固中央的统治。可是这些分封在各地的王族势力强大后，却开始谋起反来。赵王司马伦曾在晋惠帝当政时，率兵入宫逼迫晋惠帝退位，并在擅自称帝后滥封官爵，只要参与谋反的人，都获封赏，连一些役夫仆人也受封爵位。所以，每次朝会时，殿阶下的官员总挤得满满的。

大家统统有赏！

当时，高官的官帽上都有蝉形图案的饰物，帽上插有貂尾，人称"貂蝉冠"。由于司马伦封官太多，珍贵的貂尾已不够百官用，一些人只能用狗尾装饰官帽了。当时的老百姓就编了两句歌谣"貂不足，狗尾续"来讽刺这件事。

哈哈！你看那人用狗尾装饰官帽呢。

狗尾？

没有貂尾了，狗尾也行！

故事小启示

貂尾是很漂亮的装饰物，狗尾怎么能和它相比呢？所以，人们就用这个成语来比喻将不好的东西续在好的东西后面，前后的美丑相差太大。想一想，你有没有做过"狗尾续貂"的事呢？

学说词组

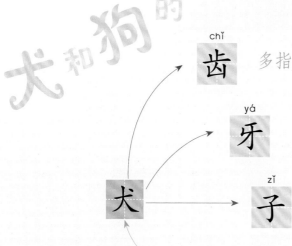

犬

齿 chǐ
多指门牙两侧长而带尖的牙齿。

牙 yá
可以指狗的牙齿，也可以指犬齿，也可比喻像犬牙般交错的地形和地势。

子 zǐ
谦称，用于对别人称自己的儿子。

军 jūn
经过训练，在军队中担任巡逻、守卫、传信等工作的犬只。

鹰 yīng
打猎时追逐猎物的鹰和犬。多比喻权贵豪门的爪牙。

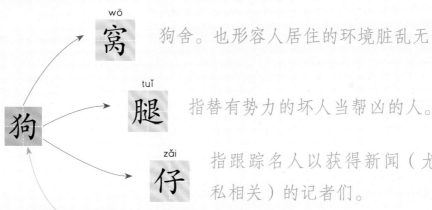

狗

窝 wō
狗舍。也形容人居住的环境脏乱无比。

腿 tuǐ
指替有势力的坏人当帮凶的人。

仔 zǎi
指跟踪名人以获得新闻（尤其与个人隐私相关）的记者们。

热 rè
英语热狗（hot dog）的意译。一种中间夹着热香肠、酸黄瓜、芥末油等的面包，因形状像狗伸舌吐气而得名。

走 zǒu
本指猎狗，今比喻受人豢养而帮助作恶的人。

quǎn mǎ zhī láo
犬马之劳

愿像犬马那样为君主奔走效力。表示心甘情愿受人驱使，为人效劳。

jī quǎn shēng tiān
鸡犬升天

传说汉朝淮南王刘安修炼成仙后，他家的鸡和狗吃了仙药也都升天了。后比喻一个人得势了，和他有关的人也跟着沾光。

我成仙了！

我也升天了！

gǒu jí tiào qiáng
狗急跳墙

狗急了也能跳过墙去。比喻坏人在走投无路时豁出去，不顾一切地捣乱。

gǒu wěi xù diāo
狗尾续貂

比喻拿不好的东西补接在好的东西后面，前后两部分非常不相称。

quǎn yá jiāo cuò
犬牙交错

比喻交界线很曲折，像狗牙那样参差不齐。也比喻情况复杂，双方有多种因素参差交错。

sàng jiā zhī quǎn
丧家之犬

比喻失去依靠、无处投奔或惊慌失措的人。

gǒu zhàng rén shì
狗仗人势

比喻坏人依靠某种势力欺侮人。

gǒu xuè pēn tóu
狗血喷头

把狗血喷在头上。形容言辞刻毒，大肆辱骂。也形容骂得痛快淋漓。

bái yún cāng gǒu
白云苍狗

浮云像白衣裳，顷刻又变得像苍狗。比喻世事变幻无常。

hú péng gǒu yǒu
狐朋狗友

泛指一些吃喝玩乐、不务正业的朋友。

人怕输理，狗怕夹尾

人如果做事理亏，心里就会发虚，像挨了打的狗夹着尾巴一样难堪。

猛犬不吠，吠犬不猛

吠：狗叫。凶猛的狗不喜欢吠叫，喜欢吠叫的狗不凶猛。比喻有真本事的人不会四处宣扬，喜欢四处宣扬的人不一定有真本事。

狗改不了吃屎

狗改不了爱吃屎的本性。比喻人的本性是改变不了的。

鸡急上房，狗急跳墙

鸡被逼急了会飞上房顶，狗被追急了会跳过墙去。比喻人在情况紧急时会采取出人意料的行动。

画鬼魅易，画犬马难

鬼魅不存在也就看不到，所以画好它们很容易；而狗和马是人们所熟知的，所以画好它们很难。

能狼难敌众犬

一只狼能耐再大，也斗不过一群狗。比喻一个人能耐再大，也斗不过众多对手。

不出声的狗才咬人

比喻越是表面上不动声色的人，害起人来越厉害。

恶狗怕揍，恶人怕斗

恶狗最怕挨揍，恶人最怕大家联合起来跟他做斗争。比喻坏人虽然貌似强大，内心却很脆弱。鼓励人们，要敢于同坏人做斗争。

挂羊头，卖狗肉

比喻打着好招牌，却出售低劣的货色，甚至以假冒来欺骗。

馒头落地狗造化

造化：运气、福气。馒头落在地上成了狗的美食，那是狗的福气。比喻碰上了意想不到的好运气。

墙无破洞狗不钻

墙上没有洞，狗就钻不过来。比喻防范工作做得周全，坏人就没有机会钻空子。

儿不嫌母丑，狗不怨家贫

儿子不会嫌弃母亲相貌丑陋，狗不会埋怨主人家贫穷。指人不会嫌弃、怨恨对自己有养育之恩的人。

学说歇后语

狗拿耗子——多管闲事

比喻人没有必要插手管别人的事。

肉包子打狗——有去无回

比喻东西给了别人就要不回来了，也指人一离开就不再回来了。

狗嘴里吐不出象牙来——什么人说什么话

比喻坏人不可能说出好话。

狗咬吕洞宾——不识好人心

比喻分不清好坏，错把别人的好心当作恶意。

　　"犬"字是一个象形字，一些汉字用"犬"作为形旁，那么，它们都与"犬"的字义有关吗？又代表什么意思呢？

fú

伏

金文

　　"伏"字由"人"和"犬"组成，表示狗趴伏在人的身后，似乎要袭击人的样子。本义是趴、低下去的意思，因为趴伏下去别人会看不到，所以就有了"埋伏""潜伏"等词。

chòu

臭

甲骨文

　　"臭"字上部为"自"，甲骨文字形为鼻子状，因为我们指称自己的时候往往会指自己的鼻子；下部是"犬"，而狗的鼻子非常灵敏。"臭"字本义是用鼻子闻气味，不过后来改用"嗅"字表示，而"臭"字就用来专指很不好闻的气味了。

器

qì

金文

　　"器"字由一个"犬"和四个"口"组成。根据其金文等古文字字形，有人将其解读为狗正守卫着四周的器具。有关"器"字的本义，从古至今学界有多种观点。

哭

kū

甲骨文　小篆

　　"哭"字最初与"犬"没有关系。甲骨文字形像是一个披头散发的人，正在高声号哭。而小篆字形将"人"变成"犬"，可以理解为哭声就像狗的哀嚎声一样，不绝于耳。

献

xiàn

甲骨文

　　"献"是"獻"的简化字。根据其甲骨文字形为会意字，由"鬲"和"犬"组成，鬲是一种古代炊具，犬是狗，整体是指用炊具蒸煮狗作为祭品。因此，"献"的本义是用犬牲以奉祭神祖，引申为"奉献"。

神奇的 嗅觉

狗是世界上嗅觉最灵敏的动物之一。它们利用灵敏的嗅觉来感知危险、追踪猎物，还会帮助人类做许多事情。它们的鼻子如此灵敏，那么人类的又如何呢？如果没有了嗅觉，我们还能知道食物的味道吗？现在就来试试吧！

实验材料

彩笔　　　　围巾　　　　纸杯　　　四种不同口味的饮料

实验步骤

1. 用彩笔在纸杯外侧分别写上饮料的名称（比如牛奶、果汁、茶等），每种饮料各写两份。

2. 在每个纸杯里分别倒入与标签对应的饮料，不用太多，一点点就行。这样我们就得到了两杯同一口味的饮料。你可以转过身去，让爸爸或妈妈帮你把这些杯子的顺序打乱，你可不要偷看哦。

52

4. 现在，用围巾蒙住自己的眼睛。蒙好后，让爸爸或妈妈按打乱的顺序把杯子递给你，你闻一闻，然后判断是哪种饮料，将属于同一种饮料的放在一起。取下围巾，看一看，你全部答对了吗？

5. 现在，接着挑战一下，你再次蒙上眼睛，这次是用嘴巴稍尝一下这些杯子里的饮料，能说出是哪一种吗？再继续挑战一下，你蒙着眼睛，用一只手捏紧自己的鼻子，再各尝一下不同杯子里的饮料，你发现什么了？

实验结论

　　虽然蒙着眼睛，但我们依然能靠嗅觉清楚地辨别出不同物品。这是因为当气味分子被我们的嗅觉细胞感知到时，这些细胞会将嗅觉信息传达给我们的大脑。我们的大脑内有一块专管嗅觉的区域，负责判断嗅觉细胞传达过来的气味信息。而我们用嘴去品尝不同物品的味道时，如果捏住鼻子，我们会发现自己仅靠嘴巴，辨别功能会下降，甚至有时尝不出味道了！！所以，我们的嗅觉在辨别食物的味道时，也有着重要的作用。这也是我们在感冒鼻子不通气时，吃东西会觉得没什么味道的原因哦。

犬 *知识* 大挑战

1. 狗最灵敏的器官是（　　），能够帮自己找到回家的路。

   A.眼睛　　　　　B.耳朵　　　　　C.鼻子

2. 狗时常吐出舌头来，是（　　）。

   A.在散热　　　　B.表示友好　　　C.觉得肚子饿了

3. 狗喜欢咬主人的鞋子和家里的沙发，是因为（　　）。

   A.过于顽皮　　　B.想引起主人的注意　　　C.需要磨牙

4. 狗可以看清楚远处（　　）东西。

   A.静止的　　　　B.运动的　　　　C.鲜艳的

5. 狗在外面会不时抬腿尿尿，是在（　　）。

   A.用自己的尿来掩盖其他狗的气味　　　B.在挑战别的狗

6. 狗能照主人的指令去做事情，是因为它们（　　）。

   A.能听懂主人的话　　　　　B.在训练中形成了条件反射

犬的知识大挑战答案

1 C　2 A　3 C　4 B　5 A　6 B

词汇表

聚居地（jùjūdì） 指人类聚居和生活的场所，又叫聚落。

哨兵（shàobīng） 指站岗、放哨、巡逻等的士兵。

牲畜（shēngchù） 是指由人类饲养并用于农业生产的畜类。

黏膜（niánmó） 分布在人和动物口腔、胃、肠等器官表面的一种膜状结构，内有血管和神经，能分泌黏液。

色盲（sèmáng） 自然光由七种不同颜色的光组成，有的人或动物的眼睛不能分辨其中一种颜色或几种颜色，叫色盲。

动态视力（dòngtài shìlì） 对运动中的物体进行觉察和识别的视觉能力。

蒸发（zhēngfā） 指水等液体变成气体的过程。

腺体（xiàntǐ） 人或动物体内能够产生激素等特殊物质的组织，腺体的功能、所在部位等有差异。

恒牙（héngyá） 人和一些动物的乳牙脱落后，再次长出替换的牙齿，能一直存留到老年阶段。

牙床（yáchuáng） 牙齿生长的部位，对牙齿起到支撑、固定的作用。

牙结石（yájiéshí） 牙齿表面如果不及时清洁，唾液中的无机盐和食物中的残渣等沉积在牙齿周围所形成的坚硬物质。

条件反射（tiáojiàn fǎnshè） 这里指动物通过学习和训练而建立起的一种后天性反射。如经过训练的狗听到哨声就知道开饭了，看到主人伸出手就知道要握手了。

图书在版编目（CIP）数据

忠诚的犬伙伴 / 小学童探索百科编委会著 ; 探索百科插
画组绘 . -- 北京 : 北京日报出版社 , 2023.8
（小学童 . 探索百科博物馆系列）
ISBN 978-7-5477-4410-9

Ⅰ . ①忠… Ⅱ . ①小… ②探… Ⅲ . ①犬－儿童读物
Ⅳ . ① Q959.838-49

中国版本图书馆 CIP 数据核字 (2022) 第 192915 号

忠诚的犬伙伴
小学童 . 探索百科博物馆系列

出版发行：北京日报出版社
地　　址：北京市东城区东单三条 8-16 号 东方广场东配楼四层
邮　　编：100005
电　　话：发行部：（010）65255876
　　　　　总编室：（010）65252135
印　　刷：天津创先河普业印刷有限公司
经　　销：各地新华书店
版　　次：2023 年 8 月第 1 版
　　　　　2023 年 8 月第 1 次印刷
开　　本：889 毫米 ×1194 毫米　1/16
总 印 张：36
总 字 数：529 千字
定　　价：498.00 元（全 10 册）